序

Fintech 時代的來臨，許多數據與資料都成為 OPEN DATA，如何[　　　]
DATA 進行大數據資料分析已成為財會與金融從業人員必須要具備的職能，班佛
定律 Benford's Law 為假帳的剋星，如何有效應用於高風險財報或舞弊案件的偵
測？麥肯錫預估，在 2030 年全球將有 4～8 億個工作將會被自動化科技取代，
加上金融商品多樣化、數位化趨勢以及財富管理市場快速成長，人才轉型勢在
必行；根據研究報告指出，欲在專業領域脫穎而出的關鍵能力為「妥善管理及
運用大數據資料」。

本書是給有志改變傳統作業方式，在新時代可以有效的應用新的工具
(Modern Tools for Modern Time)，瞭解如何實際進行大數據資料分析，協助決策
快速有效完成工作來創造專業價值的人加入一起學習。因此內容特別包含稽核
界查核舞弊經典的分析性複核方法-Benford's Law，透過由淺而深的案例實作，
讓讀者可以輕鬆的了解其使用技巧與相關的深度知識，並且透過至網站上下載
真實的財金 Open Data 資料，讓讀者有親臨實境的感覺，實際地去分析真實資
料與對查核結果進行探索。

資訊科技工具日新月異，可惜我們沒有許多時間一直去學習很多新的工具，
國際電腦稽核教育協會(ICAEA)就強調：「專業人員應是熟練一套 CAATs 工具與
學習分析查核方法，來面對新的電子化營運環境的大數據挑戰，才是正道」。ACL
是國際上使用最廣的 CAATs 工具，因此本書以其為例，透過實例資料的演練，
讓我們一起來練習如何透過 ACL 來進行「舞弊的偵測與鑑識」。

歡迎大家一起來學習成為一個快樂與創造價值的新世代專業人員吧！

JACKSOFT 傑克商業自動化股份有限公司
黃秀鳳總經理
2020/03/06

電腦稽核專業人員十誡

　　ICAEA 所訂的電腦稽核專業人員的倫理規範與實務守則，以實務應用與簡易了解為準則，一般又稱為『電腦稽核專業人員十誡』。其十項實務原則說明如下：

1. 願意承擔自己的電腦稽核工作的全部責任。

2. 對專業工作上所獲得的任何機密資訊應要確保其隱私與保密。

3. 對進行中或未來即將進行的電腦稽核工作應要確保自己具備有足夠的專業資格。

4. 對進行中或未來即將進行的電腦稽核工作應要確保自己使用專業適當的方法在進行。

5. 對所開發完成或修改的電腦稽核程式應要盡可能的符合最高的專業開發標準。

6. 應要確保自己專業判斷的完整性和獨立性。

7. 禁止進行或協助任何貪腐、賄賂或其他不正當財務欺騙性行為。

8. 應積極參與終身學習來發展自己的電腦稽核專業能力。

9. 應協助相關稽核小組成員的電腦稽核專業發展，以使整個團隊可以產生更佳的稽核效果與效率。

10. 應對社會大眾宣揚電腦稽核專業的價值與對公眾的利益。

目 錄

ACL實務個案演練 運用班佛定律 Benford's Law 進行舞弊鑑識查核

傑克商業自動化股份有限公司

JACKSOFT為台灣唯一通過經濟部能量登錄與ACL原廠雙重技術認證
「電腦稽核」專業輔導機構,技術服務品質有保障

國際電腦稽核教育協會
認證課程

舞弊三角形 VS.破窗理論
(Why good people do the wrong thing)

舞弊三角形理論

破窗理論
Broken windows theory

Pressure (Real or Perceived)
動機與壓力

機會
Opportunities, Consequences,
and Likelihood of Detection
(Real or Perceived)

行為合理化
Rationalization

反正没人管─

資料來源:www.wenhuaqiang.net

2

2019至今的大型詐貸案

法遵科技群組
👤112 📋 🔍

O 寅涉詐貸80億元 為何能一口氣騙倒13家銀行？ | 金融脈動 | 金融 | 經濟日報
O 寅寶業涉嫌向十多家銀行詐貸巨額資金，甚至有媒體揶揄銀行「真好騙」，令這十多家大小銀行面上無光。其中不乏上市公司、大型金控旗下子公司，外界與這些銀行、…

銀行反省 查核提高警覺 | 金融脈動 | 金融 | 經濟日報
銀行近年來飽受低利率，錢滿為患之苦，企金放款利率早已跌到1.6%以下，相對使利率行情還有3%的應收帳款融資，成為銀行認定相對風險低、利潤好的業務，如今潤…

O 山集團第三代 涉詐貸44億 | 聯合新聞網
銷售O山八寶粥聞名的台灣款O國際公司負責人、O山集團第三代成員詹O淇，涉嫌與北京知名科技公司「華OO成」勾串，利用「開立真信用狀、假交易訂單」手法，向…

詐貸4銀行4.8億 詐貸主嫌及銀行員共10人被訴 – 社會
「O元國際企業」負責人李O華，涉嫌以人頭購買房產，製作不實買賣契約將交易價格灌水，提高數倍，再以不實契約、申貸人資料，向上O商銀等4家金融機構詐貸40案，…

盛O 電涉詐貸4.5億 董座陳O 廷200萬交保 – 社會 – 自由時報電子報

道高一尺 魔高一丈

- 地址Indicator:
  - 重複住址 ➔ 接近住址 ➔ 角落住址

- 人名Indicator:
  - 重複負責人 ➔ 重複重要關係人 ➔ 重複一般關係人 ➔ 重複人頭戶 ➔ 重複寵物戶

- 金額Indicator:
  - 大額金額拆單至接近金額 ➔ 小金額 Even Dollar ➔ Random拆單金額

- 模式Indicator:
  - 臨櫃 ➔ ATM ➔ 網路 ➔ Cyber

數字遊戲

我們了解數字的變化嗎?

- 盤古闢地: 開始每人薪水 4 萬元
- 競爭機制: 二人猜拳 輸贏1萬, 0 元後停
- 生命週期: 玩 36 次 (3年)

機率與統計

投擲2個銅板有4種可能

- 正面 正面
- 正面 反面
- 反面 正面
- 反面 反面

可能情況	機率
2個正面	1/4
1個正面	2/4
0個正面	1/4

二項分配：binominal distribution

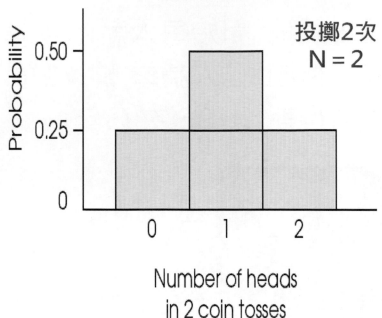

投擲2次
N = 2

Number of heads
in 2 coin tosses

機率與統計

投擲3個銅板有8種可能

- 正面 正面 正面
- 正面 正面 反面
- 正面 反面 正面
- 反面 正面 正面
- 正面 反面 反面
- 反面 正面 反面
- 反面 反面 正面
- 反面 反面 反面

可能情況	機率
3個正面	1/8
2個正面	3/8
1個正面	3/8
0個正面	1/8

機率與統計

投擲4個銅板出現正面的機率

可能情況	機率
4個正面	1/16
3個正面	4/16
2個正面	6/16
1個正面	4/16
0個正面	1/16

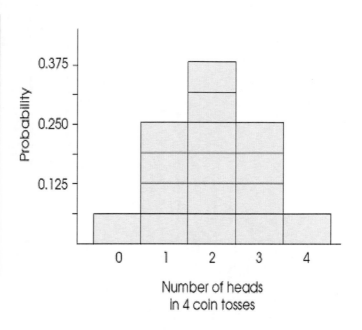

資料來源: 我們了解數字的變化嗎? 2015 黃士銘

機率與統計

投擲6個銅板出現正面的機率

可能情況	機率
6個正面	1/64
5個正面	6/64
4個正面	15/64
3個正面	20/64
2個正面	15/64
1個正面	6/64
0個正面	1/64

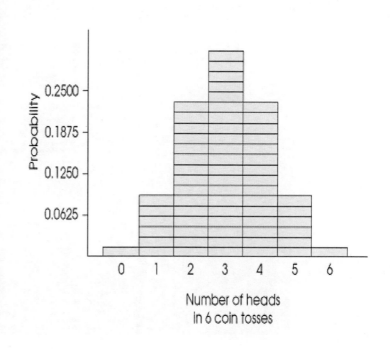

資料來源: 我們了解數字的變化嗎? 2015 黃士銘

常態分布曲線

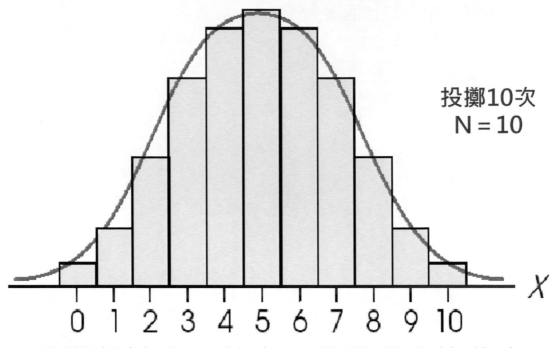

投擲10次
N = 10

X

0 1 2 3 4 5 6 7 8 9 10

公平的社會：薪水應是呈現常態分布

錢跑哪去了?

哎呀！不得了　實在真糟糕　我的Money呀
跑到哪裡去了？快點找一找　快點找一找　原來.......

稻草裡的火雞

調查薪水遊戲結果(請輸入調查結果):

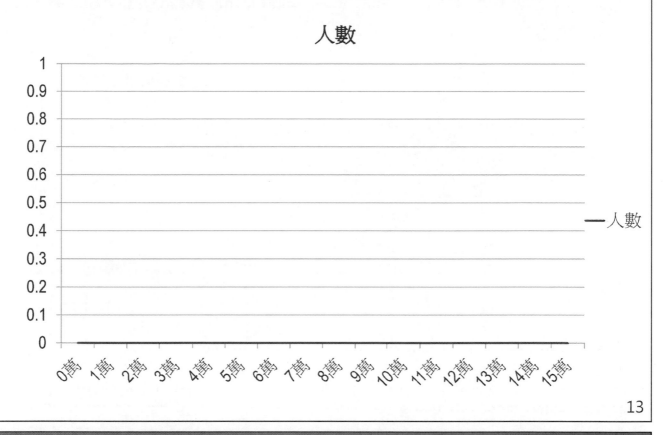

2008台灣家庭年收入(萬)與家庭戶數(戶)

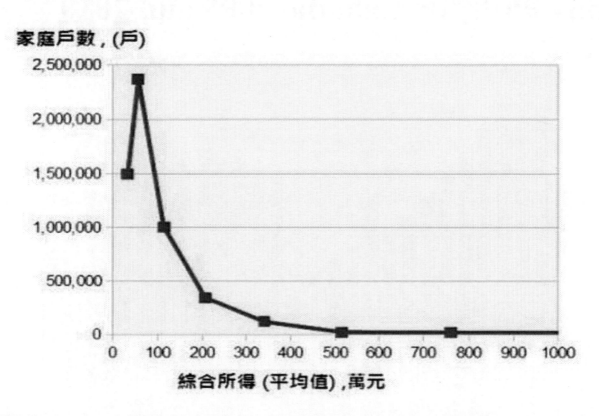

2012美國薪資所得分布圖

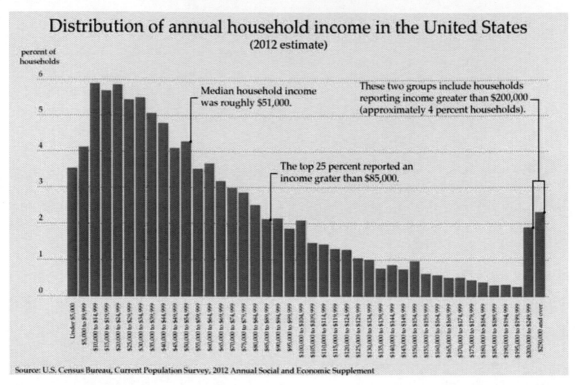

資料來源:
https://commons.wikimedia.org/wiki/File:Distribution_of_Annual_Household_Incom
e_in_the_United_States_2010.png

Distribution of after-tax income of census family units for Canada, 2005 and 2010

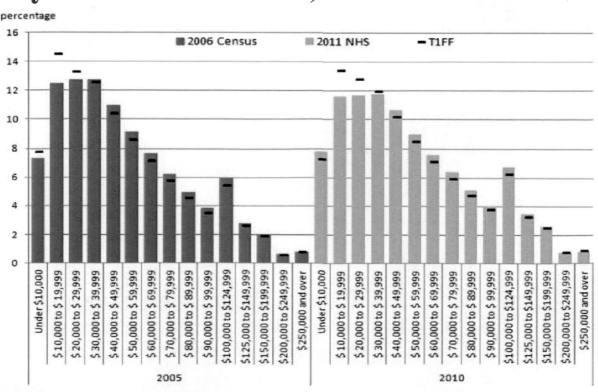

資料來源:http://www12.statcan.gc.ca/

英國薪資所得分布圖

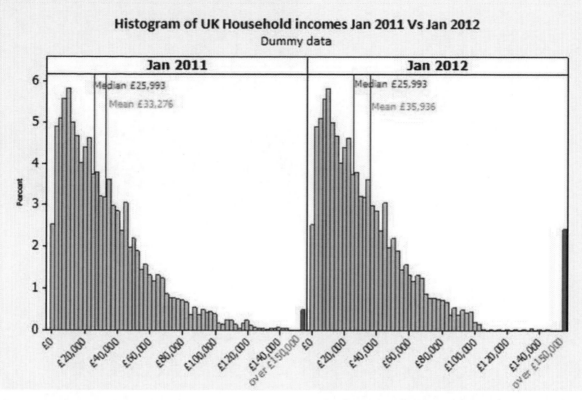

資料來源:The Non-parametric Economy: What Does Average Actually Mean?
http://blog.minitab.com/

自然界的神奇分布

何謂馬克士威--波茲曼分布?

馬克士威-波茲曼分佈是一個機率分佈最常見的應用是**統計力學**的領域。任何巨觀物理系統的溫度都是組成該系統的分子和原子的運動的結果。

簡單的說馬克士威--波茲曼分布就是：任何氣體分子或原子，在一個特定的空間裡面速度分布。而裡頭的分子或原子不論如何進行碰撞使得速度產生變化，當系統處於平衡狀態時，特定速度的原子或分子的比例是固定不變的。

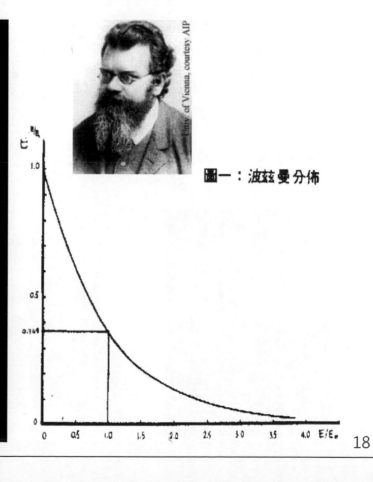

圖一：波茲曼分佈

薪水遊戲：
讓學生了解溫度

清華大學物理系
林秀豪教授教授

19

Benford's Law數位分析

- 1881年Simon Newcomb發現這個存在大自然的法則
- 1938年Frank Benford再次驗證後廣為人知，因此稱作 Benford's Law．
- 1994年經Mark Nigrini實證應用於審計領域

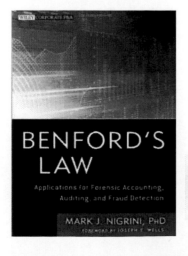

20

Benford's Law班佛定律

自然產生1至9的數值中，以「1」出現的頻率為最高，約30%。「2」次之…其餘依數位值增加而機率降低。

數位	第 1st	幾 2nd	位 3rd	數 4th
0	—	11.968%	10.178%	10.018%
1	30.103%	11.389%	10.138%	10.014%
2	17.609%	10.882%	10.097%	10.010%
3	12.494%	10.433%	10.057%	10.006%
4	9.691%	10.031%	10.018%	10.002%
5	7.918%	9.668%	9.979%	9.998%
6	6.695%	9.337%	9.940%	9.994%
7	5.799%	9.035%	9.902%	9.990%
8	5.115%	8.757%	9.864%	9.986%
9	4.576%	8.500%	9.827%	9.982%

Benford's Law預期數位頻率

來源：Nigrini(2000)[60]。

範例：
所謂自然產生的數字，例如供應商的付款、客戶的發票，和其他企業日常營運中發生的財務交易。舉例來說，供應商付款 $123.45的首位數字是1。供應商發票 $4,231.55的首位數字是4，以此類推。

Benford's Law數位法則

第一位數(First-digits)為d發生頻率的值P以數學公式表示為：

$$P(d) = \log_{10}(d+1) - \log_{10}(d) = \log_{10}\left(\frac{d+1}{d}\right) = \log_{10}\left(1+\frac{1}{d}\right) \cdot d \in \{1, 2,...8, 9\}$$

Digit	Probability
1	30.1%
2	17.6%
3	12.5%
4	9.7%
5	7.9%
6	6.7%
7	5.8%
8	5.1%
9	4.6%

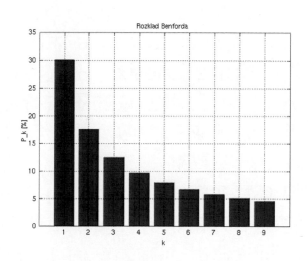

科學Online 科技部高瞻自然科學教學資源平台

| 首頁 | 高瞻專區 | 化學 | 物理 | 數學 | 生命科學 | 地球 |

可用於檢查各種數據是否有造假。

班佛定律

Posted on 2013/10/25 in 數學　　　　　　　　　　👁 4,026 views

🖨 Print 📄 PDF

班佛定律 (Benford's Law)
國立屏東高級中學數學科楊瓊茹老師

現行的高中教科書中，有個非常有意思的題目：

審計工作者會使用<u>班佛</u>法則來查帳．<u>班佛</u>法則是：「銀行存款的最高位數字是a者的比例約為 $\log\left(1+\frac{1}{a}\right)$」．根據<u>班佛</u>法則，銀行存款的最高位數字是4，5，6或7者的比例約有 (1)20% (2)30% (3)40% (4)50% (5)60%．

這個題目由簡單的對數運算性質，如下列算式得到答案(2) 30%。

23

Jacksoft Commerce Automation Ltd.　　　　　　　　　　　　Copyright © 2020 JACKSOFT.

班佛定律應用

因此，「班佛定律」在財務審計的防弊妙用，有個貼切傳神的封號：「假帳剋星」。

■ 2003年美國華盛頓州史上最大投資詐欺案，其掏空金額高達一億美元，受波及的投資人多達5000人。詐騙主謀凱文·勞倫斯(Kevin Lawrence)和其同夥們向投資人籌資，創辦一家健身俱樂部Znetix，不過他們卻將資金花用在私人享樂上，為了掩飾挪用公款的不法行為，把資金在海外空殼公司和銀行之間轉來轉去做假帳，製造出生意興隆的假象。幸好，鑑識會計家達洛·鐸瑞爾(Darrell Dorrell)識破此投資騙局，他將七萬多筆支票及匯款的相關數據，與「班佛定律」的最高位數字分布比對，發現這些數據無法通過檢驗。最後耗費三年司法調查，凱文·勞倫斯被判刑20年入監。

24

安隆案：Enron 2000年財報資料的 Benford分析

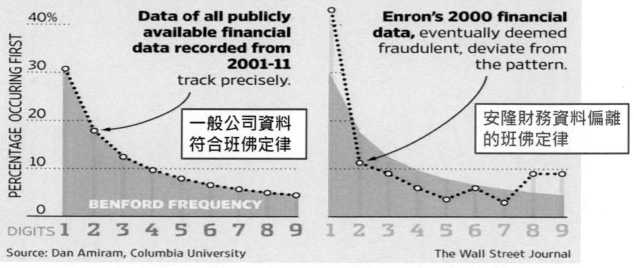

資料來源:http://www.wsj.com/articles/accountants-increasingly-use-data-analysis-to-catch-fraud-1417804886

Benford Law應用於各個領域案例

- **Time between earthquakes** (地震的時間差)

- **Amount of water in river flow** (洪水的水量)

- **Brightness of astronomically observed objects** (星星的亮度)

- **International GDP data when all countries are considered** (全球各國的 GDP)

- **Household income within any one country or city** (家庭收入)

- **Emissions of greenhouse gases per country** (溫室氣體排放)

- **U.S. census data on population centers** (美國都市人口分布)

- 選舉是否有舞弊? 投資舞弊交易偵測?

所謂自然產生,是指不經人工修飾、沒有上下限制,而且不是發明或分配出來。例如各國人口、河流長度、股票價格、會計帳目、選舉結果等都屬於自然產生。相反,設有最低工資的薪金、電話號碼、藍球員身高、六合彩結果等,就不是自然產生。

圖B:2015年和2019年候選人得票數的第二位數分布

2019

利用Be

2019-12-06

#Hashtag

就今
某Fa
引發
嫌不

以香港而言,選舉法例規定在劃分選區時,每選區的人口不得高或低於標準人口基數的25%,今年的基數為16,599人,即是每個選區的人口限制在12,449人至20,749人之間。再者,因修例風波令今屆選民有懲罰建制的心思,這兩點相信是選票字頭分布與本福特定律不一致的原因。明明顯示有異,現在卻諸多解釋,瓜瓜你講晒啦! 稍安毋躁,為改善本福特定律的準確度,有學者提出檢查第二位數。方法和上述一樣,不同的只是第二位數分布曲線沒有第一位數那麼傾斜。分析結果在圖B,紅線為今年選配第二位數分布。除0外,其他位數大致符合本福特預期分布。更重要是,以相同方法分析2015年區議會選舉結果(藍線),曲線形態與本屆大致相若。換句話說,若然說今屆造假,上一屆也一樣造假。

有沒
Law(
別多
引.
是「

預期值對
析本屆區議
果顯示以1為
說香港選舉
致相等,以

參考資料來源:https://www.am730.com.hk/column　　27

你認為台灣上市櫃公司的財報資訊,下列哪些會計科目會符合Benford定律?

請將你的答案寫下, 我們即將公布?

1. 現金與約當現金
2. 短期投資
3. 應收帳款及票據
4. 資金貸與他人
5. 短期借款
6. ....

28

國際熱門人才:資料分析師

大數據資料的稽核分析時代

- 查核項目之評估判斷
- 資料庫之資料量龐大且關係複雜

大數據分析三步曲

DATA
↓
INSIDE
↓
ACTION

海量資料
快速分析

目前ACL台灣大數據資料記錄:
88億多筆分析ETC資料

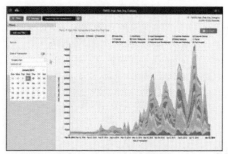

電腦輔助稽核技術(CAATs)

— **稽核人員角度**所設計的通用稽核軟體，有別於以資訊或統計背景所開發的軟體，以資料為基礎的Critical Thinking(批判式思考)，**強調分析方法論**而非僅工具使用技巧。

— 適用不同來源與各種資料格式之檔案匯入或系統資料庫連結，其特色是強調有科學依據的抽樣、資料勾稽與比對、檔案合併、日期計算、資料轉換與分析，**快速協助找出異常。**

— 最大的特色是個人電腦即可操作，可進行巨量資料分析與測試，**簡易又低成本。**

表:IIA與AuditNet組織的年度稽核軟體使用調查結果彙整

稽核軟體調查報告					
稽核軟體名稱	使用度(近似值)				
	2004年	2005年	2006年	2009年	2011年
ACL	50%	44%	35%	53%	57.6%
EXCEL	20%	21%	34%	5%	4.1%
IDEA	4%	8%	5%	5%	24.1%
其他	26%	27%	26%	37%	14.1%

Who Use CAATs進行資料分析?

— 內外部稽核人員、財務管理者、舞弊檢查者/鑑識會計師、法令遵循主管、控制專家、高階管理階層..

— 從傳統之稽核延伸到財務、業務、企劃等營運管理

— 增加在交易層次控管測試的頻率

電信業	流通業	製造業
金融業	醫療業	服務業

世界公認的電腦稽核軟體權威

Transform Audit and Risk

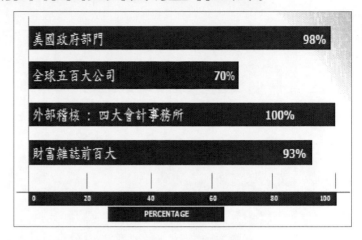

ACL在全球150個國家使用者超過21.5萬個

- 二十多年來是稽核、控制測試、與法規遵循技術解決方案的全球領導者
- 全球僅有可以服務超過400家Fortune 500 的商用軟體公司
- 比四大會計師事務所更專業的稽核顧問公司

33

ACL 30年的成長與發展

ACL and Rsam are now Galvanize

Two great companies have become one, and are now redefining the GRC industry through technology.

2017年ACL獲得在美國矽谷的Norwest的5千萬美元的策略性投資後，公司規模與產品線持續擴大，並積極朝向「世界第一對客戶提供全方位的GRC (治理、風險管理與法遵)和稽核專業解決方案」的企業目標前進。

2019年ACL併購在美國紐約的資訊安全治理知名公司Rsam，進一步的深化GRC市場產品規模，並且將公司改名為Galvanize ，取其驚奇的正向力量整合之意。

34

AI人工智慧新版(AN 14.2)增加AI功能

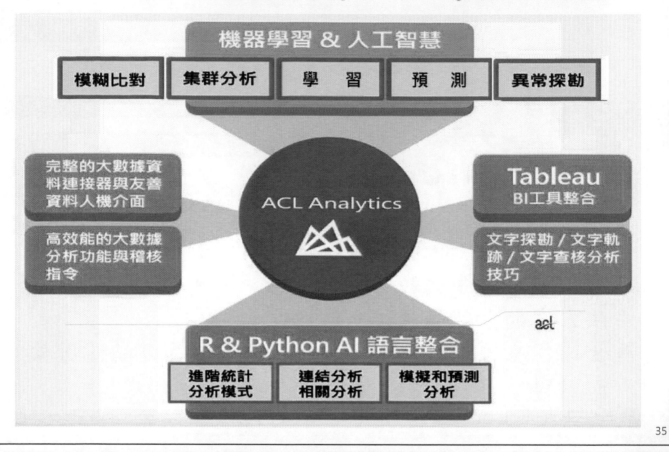

Auditor Robots

You're either the one creating automation ... or you're the one being automated.

A recent Oxford University study examined how automation and robotics are affecting different professions. Among the over 600 professions considered, auditing was right at the top—deemed by researchers as a profession ripe for automation, with a 96% chance of being largely replaced by computers in the next two to three decades.

Data Source: 2017 ACL

稽核程式撰寫更簡易

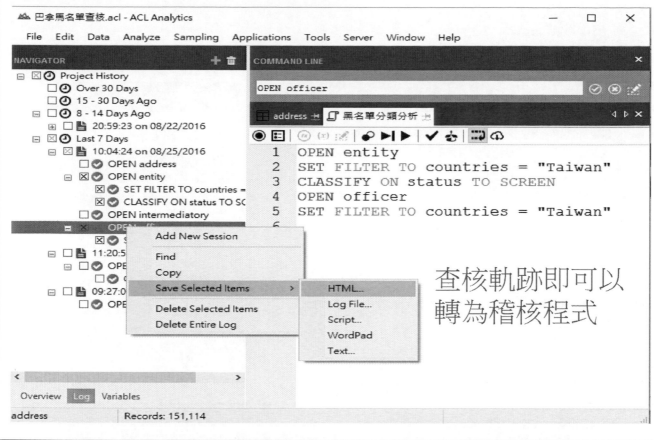

查核軌跡即可以
轉為稽核程式

超過370支的常用ACL 範本Script

隨時增加新 SCRIPT

點選即可以下載至AN

AP不尋常的發票編號

ScriptHub ID ❶ AP_Unusual_Invoice_Number 📋

腳本的詳細信息

標識由一個給定的供應商通常使用的發票號碼模式不同發票號碼模式。

先決條件

- 當運行在ACL分析這個劇本，因為正在生成任何提示填充分析標頭默認參數值。在代碼中提供的例子。
- 準備好的AP事務表包含歷史數據，建立每個供應商通常使用的發票號格局。
- 最低支持ACL的版本：11

數據要求

含AP交易在發票頭A級準備的ACL表。此表必須包含在最低限度，下面的字段名稱：

- 現場AP_Fiscal_Year（CHARACTER），較本財年中，收到的發票。
- 現場AP_Business_Unit（CHARACTER），佔供應商的業務單位標識符。
- 現場AP_Vendor_Account_ID（CHARACTER），代表唯一供應商ID。
- 現場AP_Currency_Reporting（CHARACTER），表示發票金額的貨幣。

腳本文件

📄 AP_Unusual_Invoice_Numbers.acls...

相關腳本

這個腳本的依賴：點擊以下鏈接單獨下載它們

📄 CreateStub

📄 Enable_ScriptHub_Environment

📄 Disable_ScriptHub_Environment

點選即可以取得稽核程式

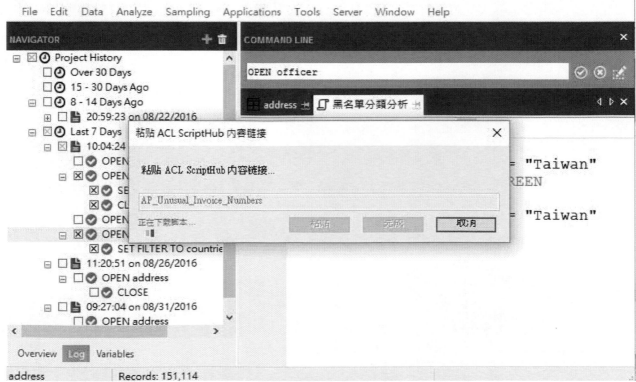

和國際同品質的稽核程式再利用

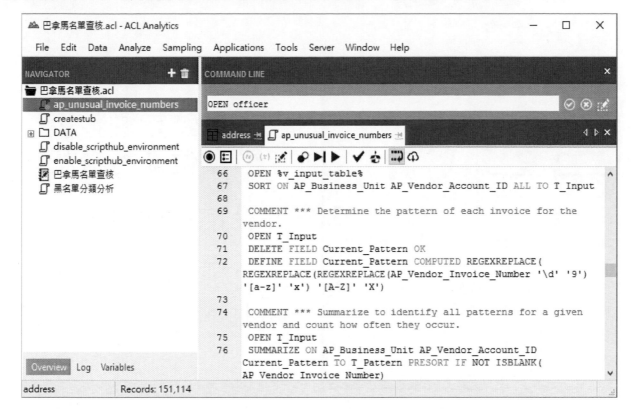

ACL指令說明-Benford Analysis指令

在ACL系統中，用於一個區域中的計數，各種前導數位或組合數位的出現次數，並將實際計數的結果與預期結果做比較。使用Benford公式計算預期計數結果。

Benford Analysis指令操作畫面

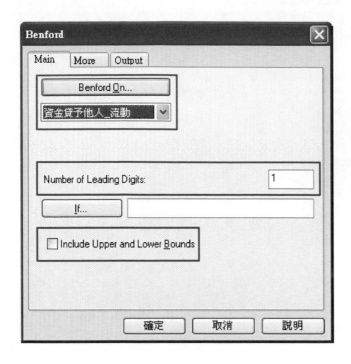

一.依據特定數值金
　額欄位進行分析。

二.設定前列位數。

三.可選擇是否包含
　上下界。

43

ACL指令說明- CLASSIFY指令

在ACL系統中，用於根據字元中的唯一值，對記錄
進行資料的分組。並統計每個組數中的記錄數，
以及小計指定數值域的每個組別。

公司	Count	Percent of Count	Percent of Field	流動資產	流動負債
1101 台泥	20	0.07%	0.2%	210,480,746	158,326,868
1102 亞泥	20	0.07%	0.17%	182,340,346	146,815,985
1103 嘉泥	20	0.07%	0.08%	89,823,462	54,034,081
1104 環泥	20	0.07%	0.03%	33,696,971	26,545,044
1107 建台	20	0.07%	0.04%	44,836,349	94,753,985
1108 幸福	20	0.07%	0.04%	42,590,802	47,700,428

44

CLASSIFY指令操作畫面

一. 依據特定文字欄位進行分組。

二. 針對所選數值欄位進行小計加總。

45

ACL指令說明- EXTRACT指令

在ACL系統中，用於從ACL資料表中提取特定所需資料，並將其輸出至新的ACL資料表，或將其合併附加(APPEND)至現有的ACL資料表。您可以提取所有記錄或所選取之欄位記錄。

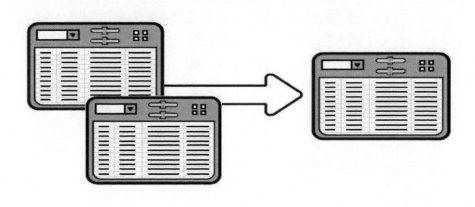

46

如何使用ACL完成查核或分析專案

➤ ACL可以從頭到尾管理你的資料分析專案。

➤ 專案規劃方法採用六個階段：

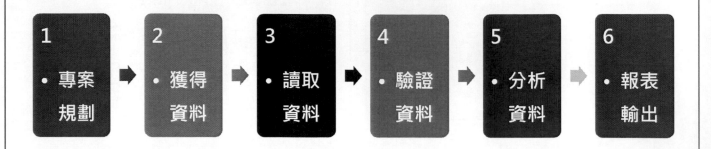

專案規劃

查核項目	地雷股偵測查核	存放檔名	地雷股偵測查核
查核目標	利用**Benford's Law**檢核出高風險的公司。		
查核說明	利用**Benford's Law**檢核高風險會計科目(資金貸與他人、短期借款應收帳款、存貨、銷貨收入、銷貨退回及折讓…等)。		
查核程式	1. **運用Benford's Law找出資金貸與他人高風險公司**：針對資金貸與他人之流動找出高風險公司。(情境一) 2. **運用Benford's Law找出短期借款高風險公司**：針對短期借款找出高風險公司。(情境二) 3. **運用Classify找出嫌疑的地雷股公司**：整合情境一與二的高風險公司,利用分類技術列出嫌疑的地雷股公司。(情境三)		
資料檔案	一般產業_BS、一般產業_IS		
所需欄位	請詳後附件明細表		

獲得資料-TEJ台灣經濟新報資料庫

一般產業_BS (資產負債表)

長度	欄位名稱	意義	型態	備註
20	公司	公司	C	
10	年月	年月	D	YYYY-MM-DD
20	現金及約當現金	現金及約當現金	N	
20	短期投資	短期投資	N	
20	應收帳款及票據	應收帳款及票據	N	
20	其他應收款	其他應收款	N	
20	資金貸與他人_流動	資金貸與他人_流動	N	
20	……	……	N	

- C：表示字串欄位   ※資料筆數：28,327
- D：表示日期欄位   ※查核期間：1995~2014
- N：表示數值欄位

一般產業_IS (損益表)

長度	欄位名稱	意義	型態	備註
20	公司	公司	C	
19	年月	年月	D	YYYY-MM-DD
20	營業收入毛額	營業收入毛額	N	
20	銷貨退回及折讓	銷貨退回及折讓	N	
20	營業收入淨額	營業收入淨額	N	
20	營業成本	營業成本	N	
20	營業毛利	營業毛利	N	
20	......	......	N	

- C：表示字串欄位　　※資料筆數：28,327
- D：表示日期欄位　　※查核期間：1995~2014
- N：表示數值欄位

讀取資料-一般產業_BS

讀取資料-一般產業_BS

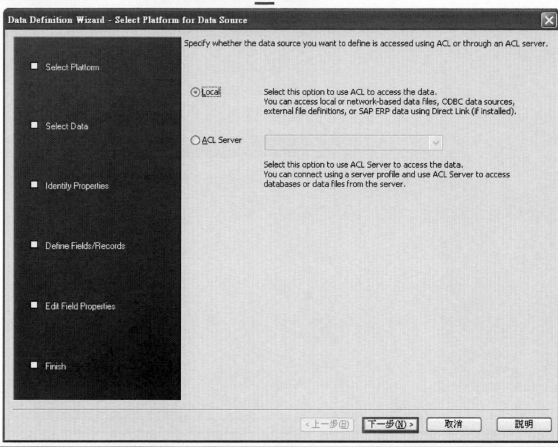

讀取資料-一般產業_BS

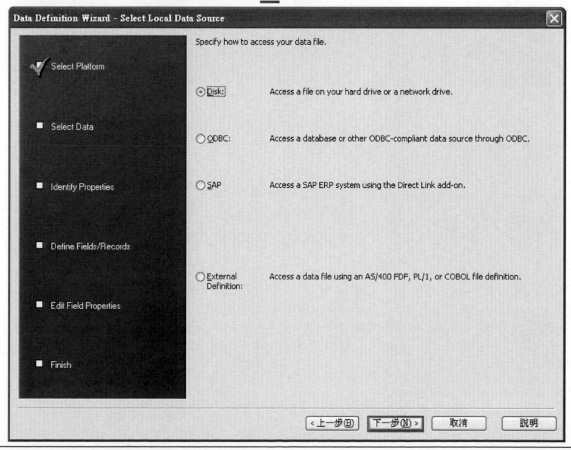

讀取資料-一般產業_BS

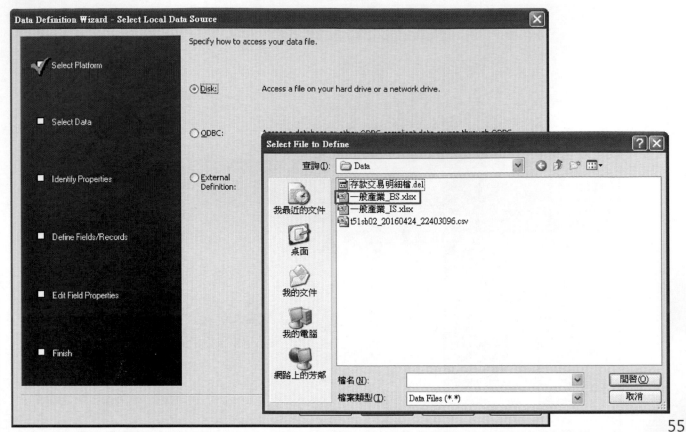

讀取資料-一般產業_BS

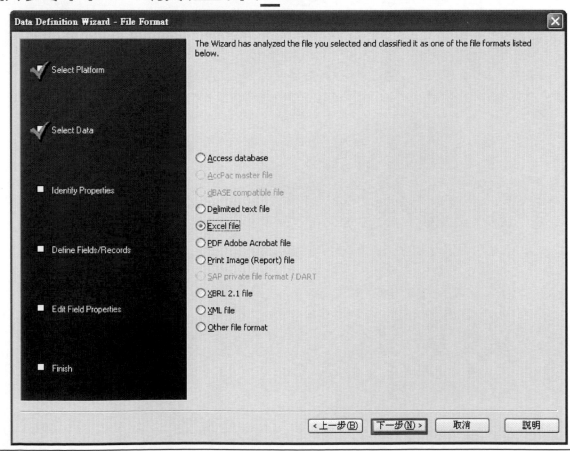

讀取資料-一般產業_BS

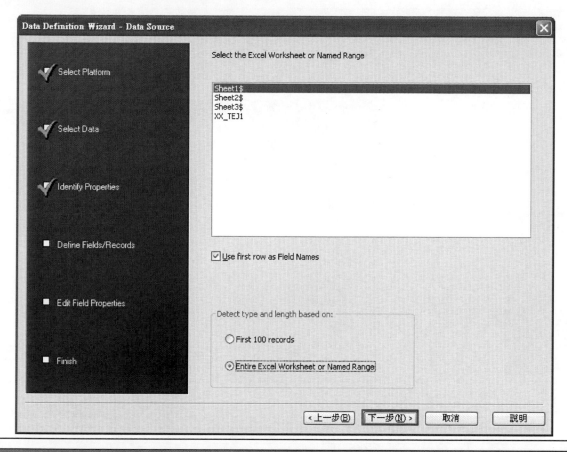

讀取資料-一般產業_BS

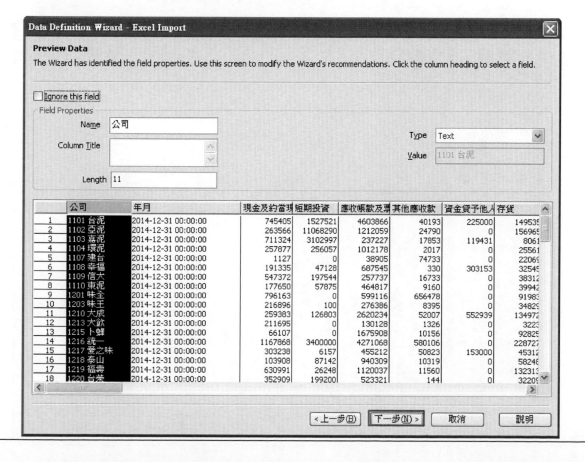

讀取資料-一般產業_BS

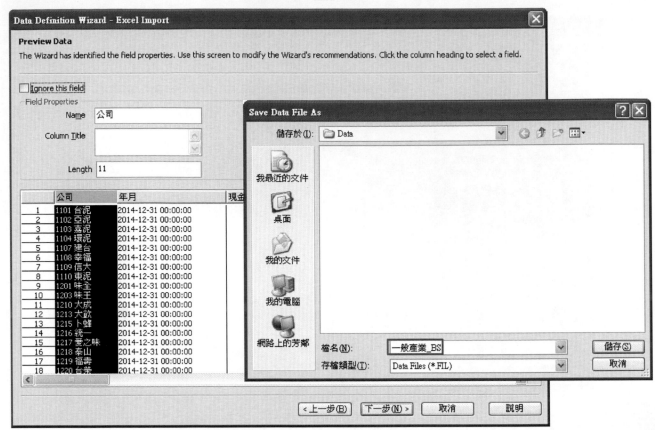

59

讀取資料-一般產業_BS

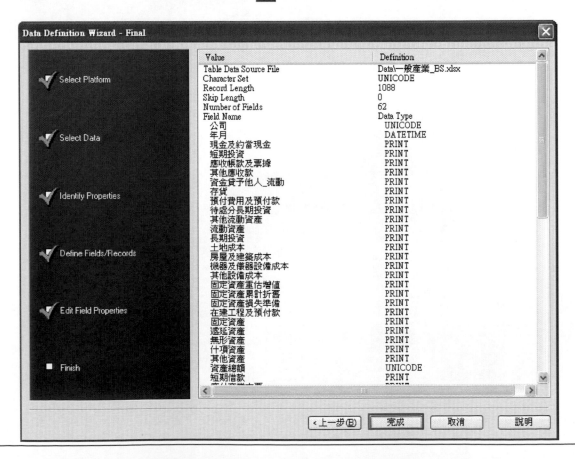

60

讀取資料-完成一般產業_BS匯入

共28,327筆資料

61

自行練習-一般產業_IS資料匯入

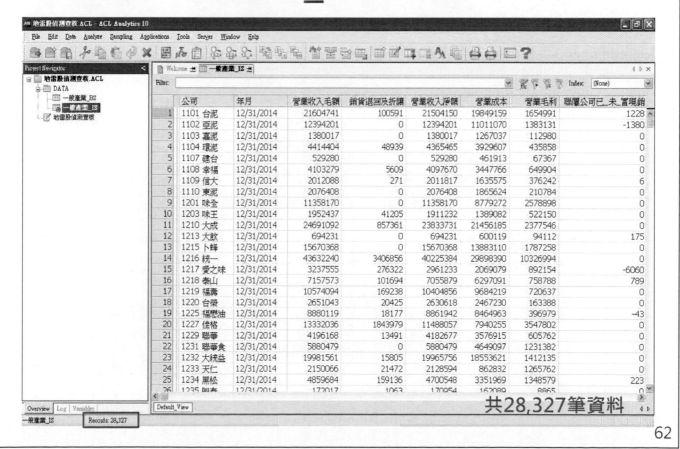

共28,327筆資料

62

情境一：

運用Benford's Law找出資金貸與
他人高風險公司

資料分析流程圖(情境一):

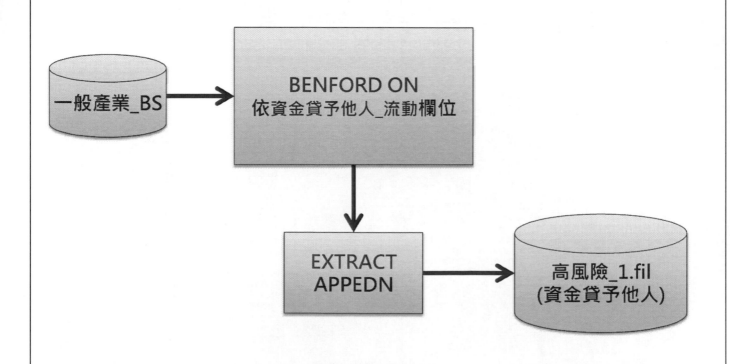

運用Benford's Law檢核<u>資金貸與他人</u>科目

- 開啟一般產業_BS
- Data → Perform Benford Analysis
- 會計科目選-資金貸與他人_流動
- 選1位數
- Output選Graph
- 點選「確定」

65

運用Benford's Law檢核<u>資金貸與他人</u>科目
(1階結果)

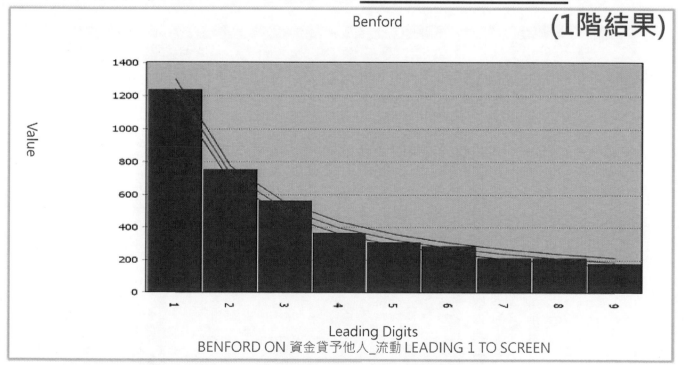

➤此時1位數結果，分析結果符合原則

66

運用Benford's Law檢核<u>資金貸與他人</u>科目

(2階結果)

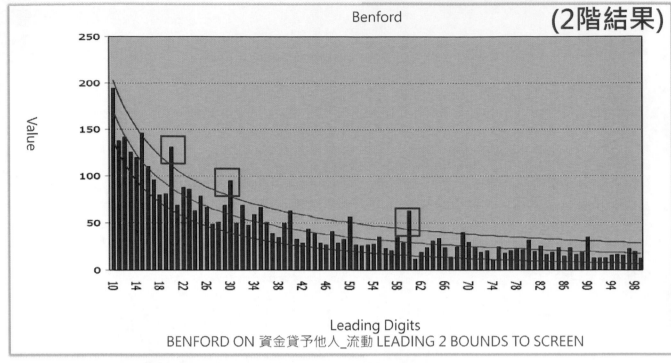

> 此時2位數情況，超過上下限處需要深入分析
> 往下點選超出紅線的部分

往下點選找出違反Benford's Law明細資料

運用EXTRACT將資料隔離

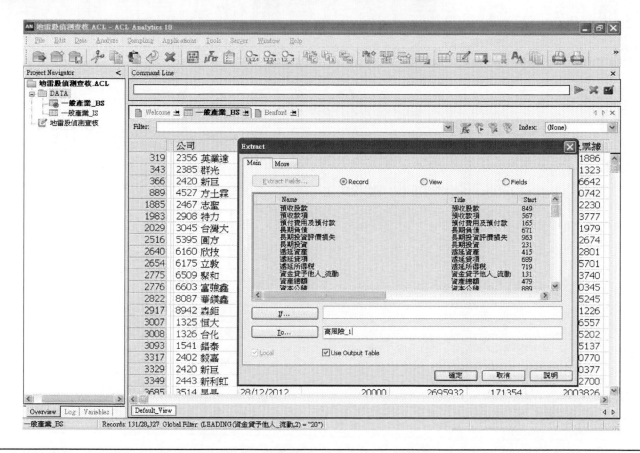

運用EXTRACT APPEDN陸續將違反者併入高風險_1.fil (資金貸與他人高風險公司)

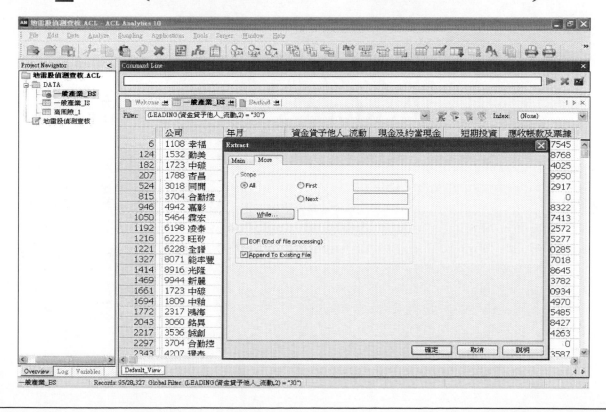

運用EXTRACT APPEDN併入
高風險_1.fil結果 (資金貸與他人高風險公司)

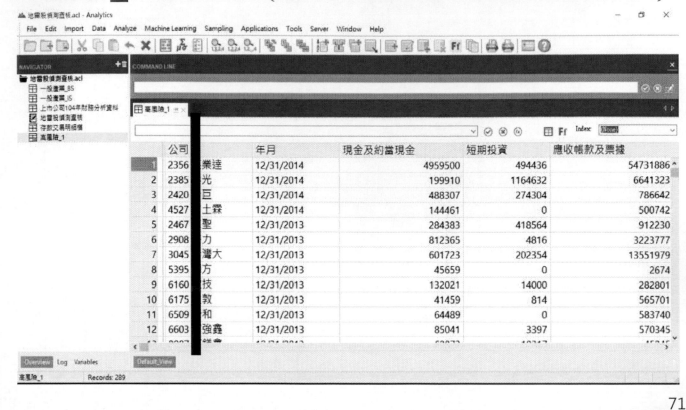

情境二：

　　利用Benford's Law針對短期借款
　　找出高風險公司

資料分析流程圖(情境二):

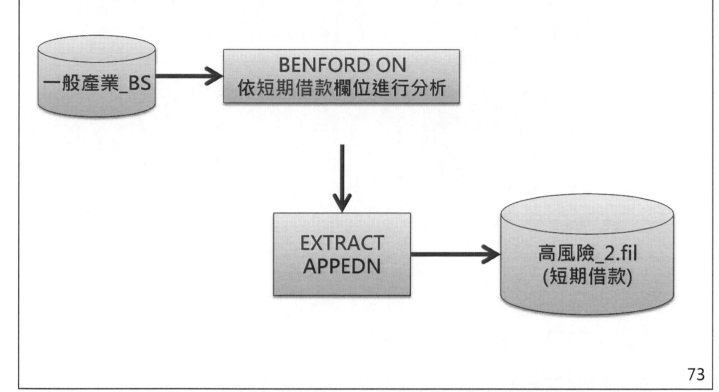

73

運用Benford's Law檢核短期借款科目

- 開啟一般產業_BS
- Data → Perform Benford Analysis
- 會計科目選-短期借款
- 選1位數
- Output選Graph
- 點選「確定」

74

運用Benford's Law檢核短期借款科目

(1階結果)

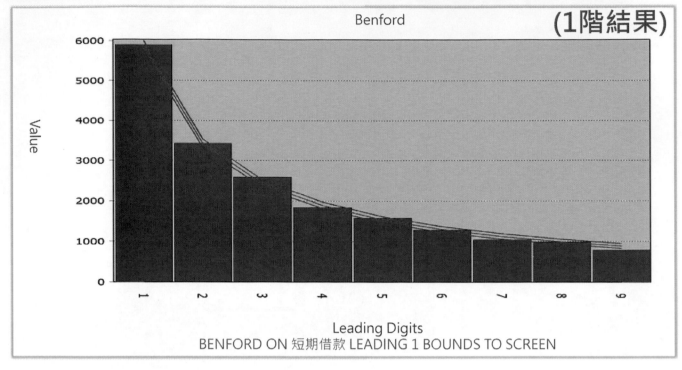

➤ 此時1位數情況，看起來尚顯合理

75

運用Benford's Law檢核短期借款科目

(2階結果)

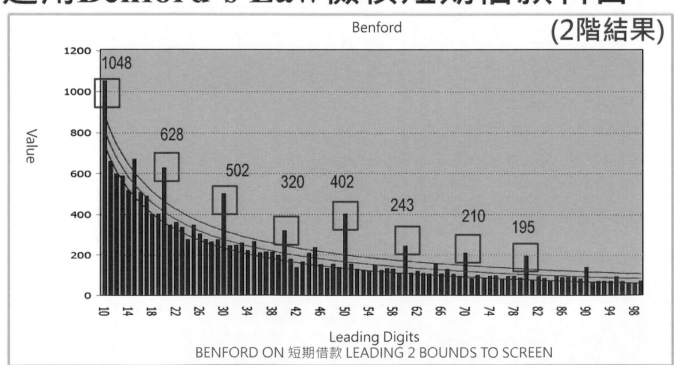

➤ 此時2位數情況，有部分呈現不合理情況

➤ 點選超出紅線的部分

76

往下點選找出違反Benford's Law明細資料

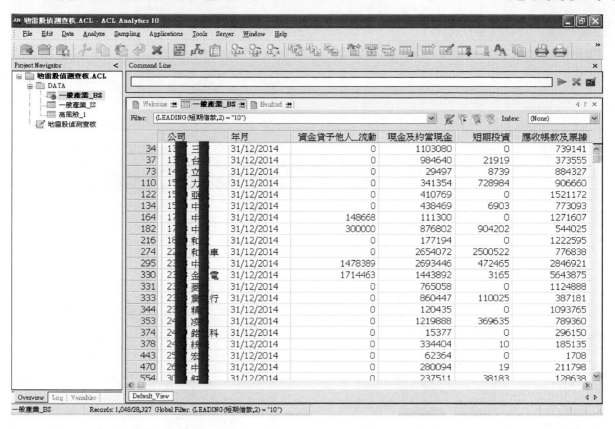

運用EXTRACT將資料隔離

運用EXTRACT APPEDN陸續將違反者併入 高風險_2.fil (短期借款高風險公司)

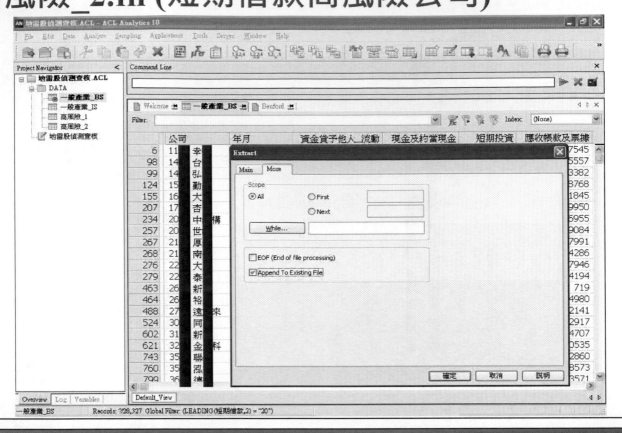

79

運用EXTRACT APPEDN併入 高風險_2.fil 結果(短期借款高風險公司)

80

情境三：

　　整合情境一與二的高風險公司，利用分類技術列出嫌疑的地雷股公司

資料分析流程圖(情境三):

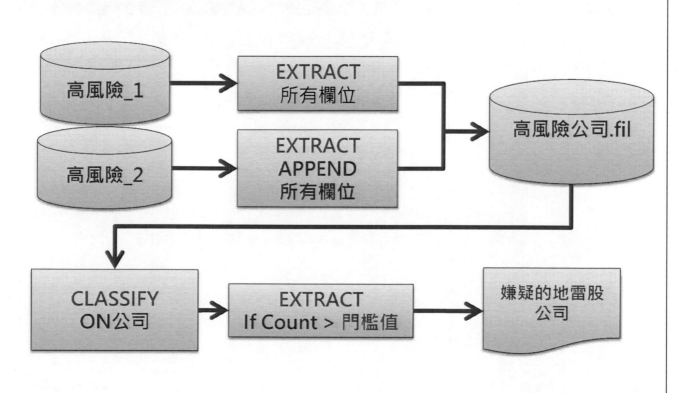

檢核高風險公司重要會計科目偏離 Benford's Law的資料

- 開啟高風險_1
  (資金貸與他人)
- Data → Extract Data
- 輸入檔案名稱:高風險公司
- 點選「確定」

EXTRACT結果畫面

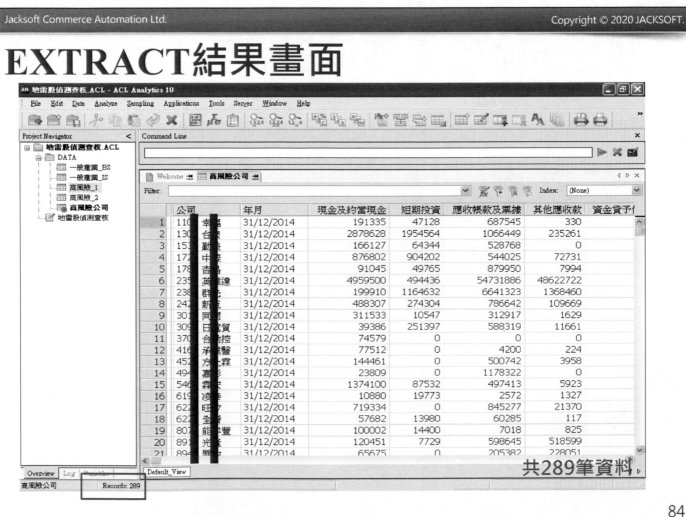

共289筆資料

檢核高風險公司重要會計科目偏離 Benford's Law的資料

- 開啟高風險_2
    (短期借款)
- Data → Extract Data
- More ->APPED
- 輸入檔案名稱:高風險公司
- 點選「確定」

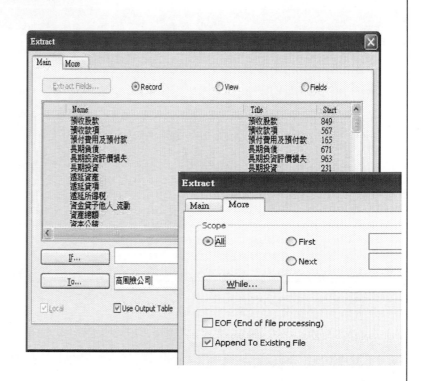

完成整合偏離Benford's Law公司資料

共3,837筆資料

運用Classify 指令(分類):
對高風險公司偏離的次數進行分析

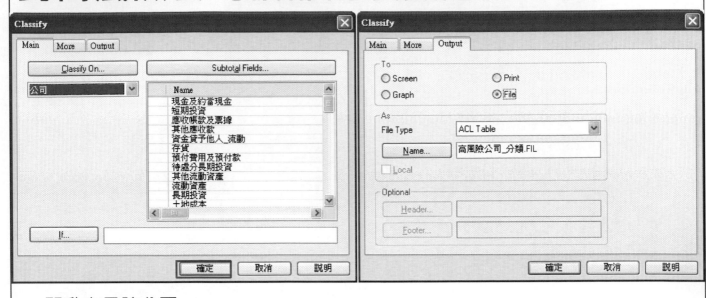

- 開啟高風險公司
- Analyze →Classify
- Output: 選 File 檔案名稱:高風險公司_分類
- 點選「確定」

運用Classify 對高風險公司偏離的次數
進行分類

PS: 僅為教學需要的範例, 並不代表實際狀況。

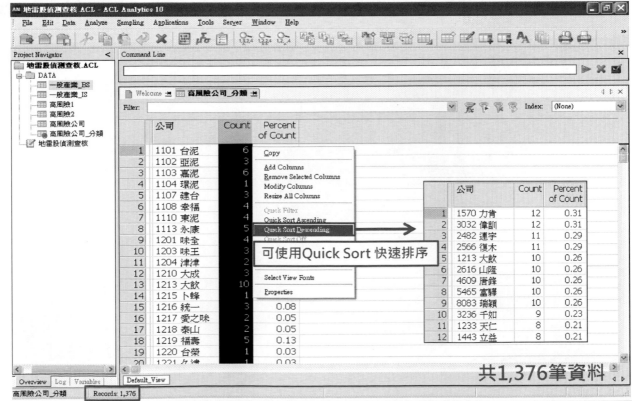

使用EXTRACT 對高風險公司篩選筆數大於門檻值的嫌疑地雷股公司

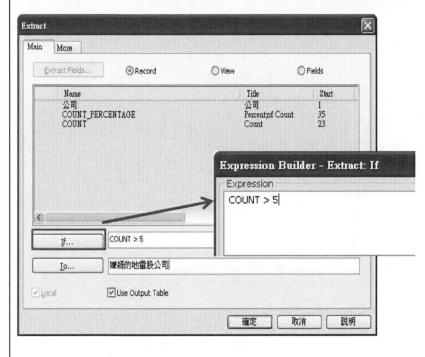

- 開啟高風險公司_分類
- Data →EXTRACT
- 條件：COUNT>5

(門檻值可依專業判斷進行調整, 本案例先用5次做練習)

- 輸入檔案名稱：
  嫌疑的地雷股公司
- 點選「確定」

89

嫌疑的地雷股公司分析結果

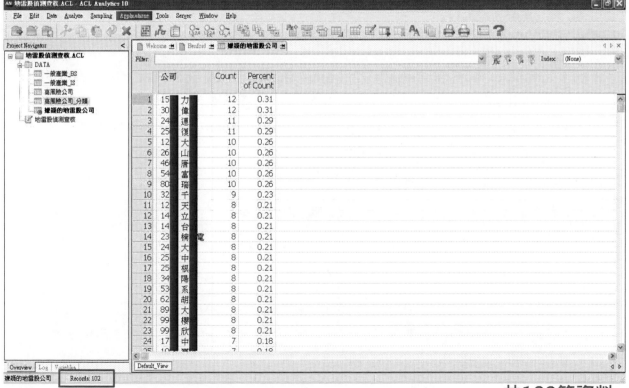

共102筆資料

PS: 僅為教學需要的範例, 並不代表實際狀況。

90

深入分析結果

Google　力O借殼

全部　　新聞　　地圖　　圖片　　影片　　更多▾　　搜尋工具

約有 27,500 項結果 (搜尋時間：0.81 秒)

力O1570展望2014、2015 @ 熱血流成河:: 痞客邦PIXNET ::
davidli.pixnet.net/blog/post/43816252-力肯1570展望2014、2015 ▾
2014年8月18日 – MoneyDJ新聞2015-03-06 10:01:38 記者鄭盈芷
報導客戶拉貨動能穩健，法人看好，力O(1570)2月營收有機會較
1月更佳，3月持續正面看待，首季 …

〈萬寶週刊〉被陸資借殼上市值多少?_新聞_鉅亨網
news.cnyes.com › 台股 ▾
2013年7月5日 – 鎖具的福O(9924)由去年初的16元附近漲到30.5
元，氣動工具機的鑽O(1527)由17.4元漲到26.15元，力O(1570)
更由6.51元漲到17.2元，整體產業 …

被陸資借殼上市值多少(萬寶週刊1027期) – E-STOCK發財網
www.e-stock.com.tw/asp/board/v_subject.asp?ID=7028151 ▾
2013年7月9日 – … 元漲到26.15元，力O(1570)更 由6.51元漲到
17.2元，整體產業的復甦愈來愈明確。 … 同樣的大漲原因，能 被
陸資借殼上市值多少 在台股中複製嗎？ … 廠一寶O集 團，以台灣
的講法，即是寶O集團藉由成O的子公司成O借殼上市。

釘槍廠SENOOOO宣布破產，力O遭欠1.37億元- 新聞- 財經 …
www.moneydj.com/kmdj/news/newsviewer.aspx?a=0eec1fb9-764c... ▾
2009年5月11日 – 精實新聞2009-05-11 10:31:14 記者楊喻斐報導.
美國氣動釘槍廠SENOOOO宣布與一投資集團就出售資產達成資
產收購協議，並向美國俄亥俄州南 …

釘槍廠SENOOOO宣布破產，力O遭欠1.37億元
2009/05/11 10:31　　　　　　　　　　　　　　　　回應(0) 人氣(3809) 收藏(0)

精實新聞 2009-05-11 10:31:14 記者 楊喻斐 報導

美國氣動釘槍廠SENOOOO宣布與一投資集團就出售資產達成資產收購協議，並向美國俄亥俄州南區地方法庭聲請破產保護重整，而國內兩家主要供貨商力O(1570)、鑽O(1527)於5月9日接獲通知，其中力O帳上還有應收帳款高達美金420萬元(帳列新台幣約1億3700萬元)，佔總資產17.62%，受到衝擊不小。鑽O則估應收帳款約新台幣3400萬元。

力O表示，將會針對上述應收帳款將全數提列為壞帳損失，也將會同債權人代表委託美國律師依法進行保全程序；而若以力O目前股本5.15億元與高達1.37億元的壞帳來計算，每股虧損達2.66元。

另外，力O今年第一季稅後虧損335萬元，每股稅後虧損0.07元，而去年全年虧損6873萬元，每股稅後虧損1.31元，而這次的打擊，為已經陷入營運低潮的力肯來說，無疑是雪上加霜。

力〇2月營收續看增，首季營運不淡
2015/03/06 10:01　　　　　　　　　　　　　　　　回應(0) 人氣(871) 收藏(0)

MoneyDJ新聞 2015-03-06 10:01:38 記者 鄭盈芷 報導

客戶拉貨動能穩健，法人看好，力〇(1570)2月營收有機會較1月更佳，3月持續正面看待，首季合併營收將有機會年增近2成，而力肯目前訂單能見度仍維持3個月水準，Q2營運也不看淡。

力〇為釘槍代工廠，客戶包括國際大廠TTO、SenOO、BosOO、MakiOO等，而TTI佔去年營收比重逾3成，為力〇目前最大客戶；力〇受惠於美國房市持續溫和復甦，主要客戶展望都看正面，今年營運成長動能可期。

力〇去年Q3受客戶庫存調節影響，營收動能短期趨弱，不過去年Q4已逐步恢復成長動能，今年首季仍持續加溫，而力〇1月營收同時回到年增與月增的表現後，法人樂觀預估，2月營收不但可優於去年同期，也將較1月持續加溫，3月出貨動能續穩。

法人指出，依照力〇首季出貨進度，首季營收將有機會挑戰年增近2成的幅度，不過因力〇有部分貨品乃是採到岸才認列營收的方式，因此首季實際營收表現，還是要再觀察季底出貨認列營收的狀況。

法人指出，力〇今年成長動能仍來自美國房市溫和復甦，而值得注意的是，由於力〇主力客戶TTO今年持續提升在Home Depot供貨比重，預料將有機會帶動力肯訂單持續增長，TTO今年佔力肯營收比重有機會往接近4成的方向挪移。

力〇 2014年合併營收5.41億元，年減12.04%；法人推估，力〇去年EPS約落在1.4~1.5元；展望今年，力〇今年營收將可望回歸正成長，獲利也有機會更上一層樓。

Benford's law 進階探討:

情境四：
運用Benford's Law找出每股盈餘操控的可疑高風險公司

Benford Law 的限制 – 適用狀況

適用於偏向自然的狀況

項目	範例
數學組合所產生的數值	應收帳款（銷貨數量*價格） 應付帳款（進貨數量*價格）
交易資料	支出、銷貨收入、費用
大資料集	整年度的交易、人口
會計帳戶	多數的會計資料

不適用於偏向人工限制的狀況

項目	範例
資料集由已限制的數值組成	支票號碼、發票、郵遞區號
受到人為因素影響的數值	ATM提款
設有最大值和最小值的帳戶	資產達到某一重大水準才記錄

Benford Law 的上下界計算 – Z值檢定

Z 值 : Z值的量代表著原始分數和母體平均值之間的距離，是以標準差為單位計算。

標準差 $S_i = [p_i*(1-p_i)/n]^{1/2}$

S_i : 每一數字(1~9)的標準差

P_i : Benford law 的機率

n : 母體筆數

Digit	1st place
0	
1	.30103
2	.17609
3	.12494
4	.09691
5	.07918
6	.06695
7	.05799
8	.05115
9	.04576

例：10,000筆資料，首位數字 1 的

標準差 $s_1 = \sqrt{\dfrac{0.30103*(1-0.30103)}{10,000}} = 0.004587$

Z值的計算公式:

$$z = (|(p_o - p_e)| - 1/(2n))/s_i)$$

p_o：實際資料機率
p_e：Benford Law 期望機率
s_i：標準差
n：資料筆數

Z 值可以透過查表而來，在某一個信賴區間邊界值

Z值	信心水準
1.96	95%
1.64	90%

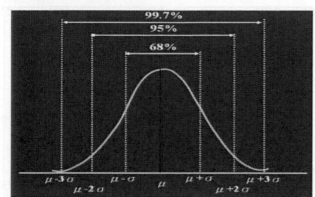

圖. 常態分配

Benford Law Upper/Lower Bound 範例說明:

例子：90%信心水準，10,000筆資料，Leading Digit 1

$$z = 1.64 = \frac{|P_0 - 30.103\%| - \left(\frac{1}{2 \times 10,000}\right)}{0.004587}$$

$|P_0 - 30.103\%| = 0.0075$
差異筆數的門檻值：0.0075*10,000=75

$P_0 = 0.30853 \ or \ 0.29353$
Benford Law 預期筆數: 0.30103 * 10,000 = 3,010
上限筆數：0.30853*10,000=3,085
下限筆數：0.29353*10,000=2,935

ACL Benford Law 結果解讀:

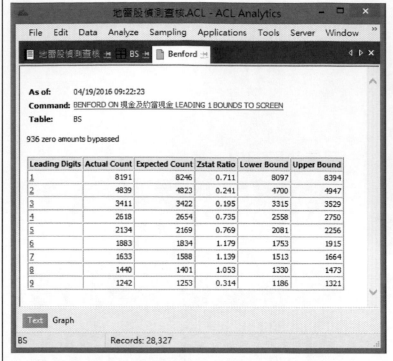

Actual Count：實際筆數

Expected Count：
Benford Law 預期筆數

Zstate Ratio：Z 值

Lower Bound：下限筆數

Upper Bound：上限筆數

數字的人為操控
不一定都由第一位數開始

- Carslaw (1988) 和 Thomas (1989)
  - 盈餘數字不符預期分布，會以「N*10 的 K次方」為期望點進行盈餘管理的舞弊行為。
  - 正值的行為與負值的行為會不同。

$$\Box\Box 9 \Box \quad < \quad \Box\Box 0\Box$$

  - 淨利 1,900,000 → 2,000,000 or 2,000,001...
       1,490,000 → 1,500,000 or 1,500,001...
  - 每股盈餘 1.99 → 2.00 or 21.99 → 22.00

情境四上機演練：
運用Benford's Law找出每股盈餘操弄可疑高風險公司

101

獲得資料：公開資訊站 Open Data

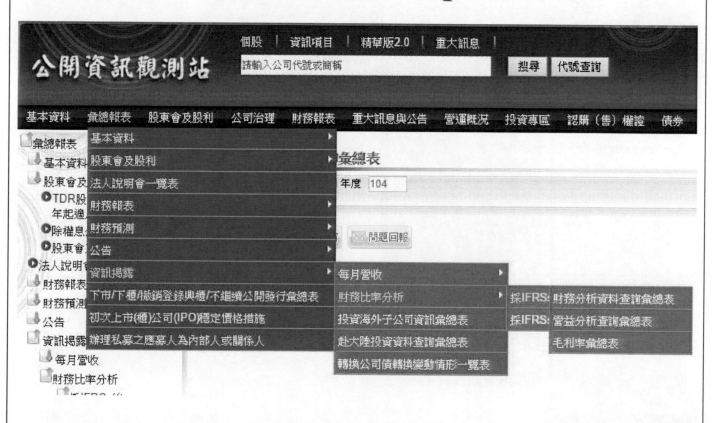

102

獲得資料：上市公司財務分析資料為例

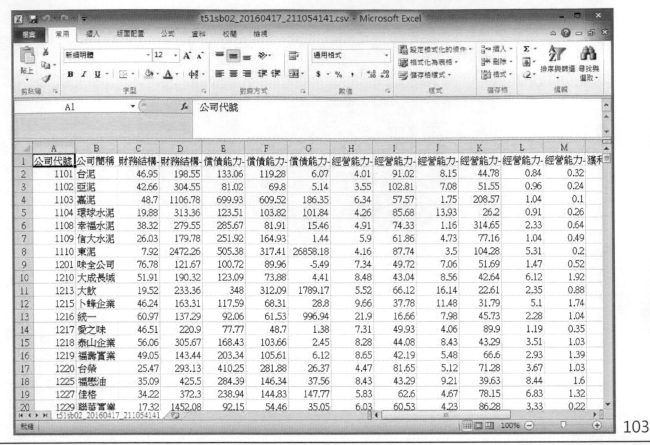

讀取資料

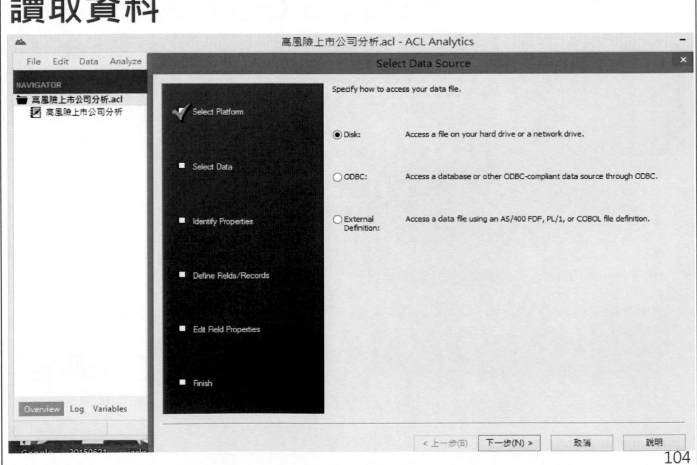

讀取資料

讀取資料

注意編碼的選擇，在台灣地區政府OPEN DATA
常用950 (ANSI/OEM-繁體中文 Big 5)的編碼或
10002 (MAC- 繁體中文 Big 5)

讀取資料

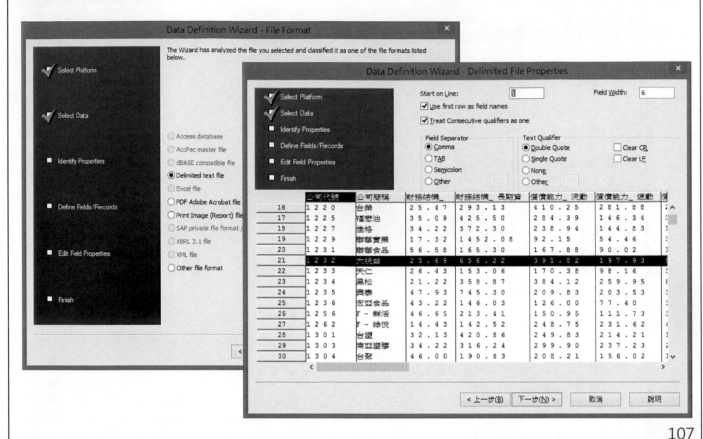

讀取資料- 獲利能力_每股盈餘_元

匯入結果

109

ACL指令說明- STRING指令

在ACL系統中，用於將數字資料轉成文字格式資料的指令。

使用的語法如下:

STRING(數字欄位, 文字長度)

範例:
STRING(25.56, 6) ➔ 長度為6的文字

110

ACL指令說明- SPLIT指令

在ACL系統中，將文字資料透過某個特定值禁行切割的指令。

使用的語法如下:

SPLIT(文字欄位,切割字, 順序)

範例:
SPLIT（'25.56'，'.'，, 2)
➔ '56'

111

ACL指令說明- VALUE指令

在ACL系統中，用於將文字欄位轉成數字欄位。

使用的語法如下:

VALUE(文字欄位,小數點)

範例:
VALUE（'56'，,0)
➔ 56

112

ACL指令說明- DEFINE FIELD

在ACL系統中，定義新欄位的方法。首先要開啟
Table Layout ➔ fx ➔ 輸入欄位名稱與公式

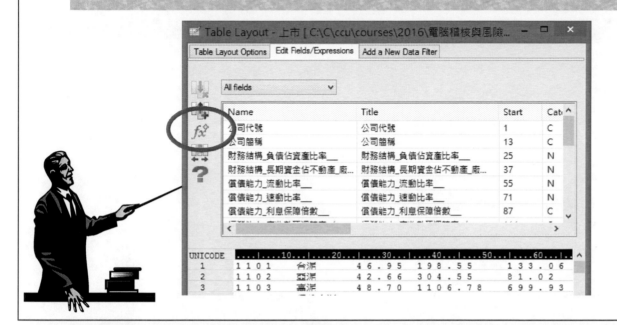

113

設定新數位欄位- 新數位

- **VALUE(SPLIT(STRING(獲利能力_每股盈餘_元_, 6),'.',2),0)**

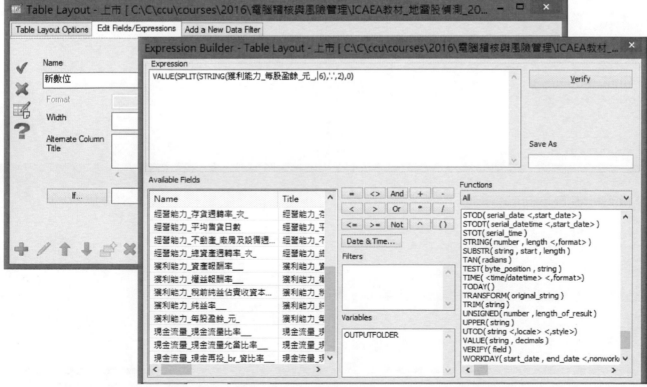

114

新增欄位顯示

Benford 分析-新數位

明顯異常的數值為 20, 30, 40, 50, 60, 70, 80, 90

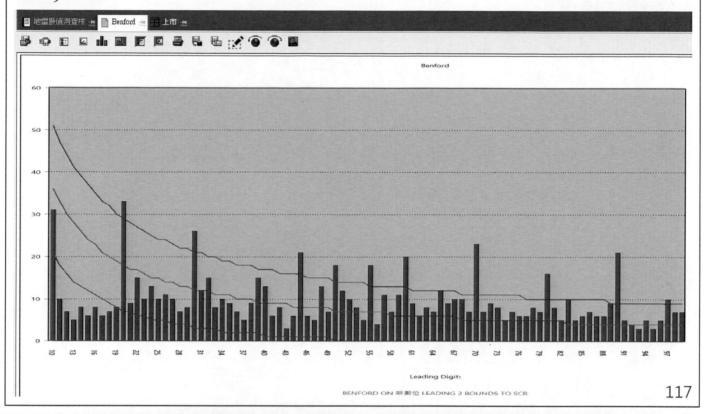

ACL 電腦稽核軟體還可以做什麼?

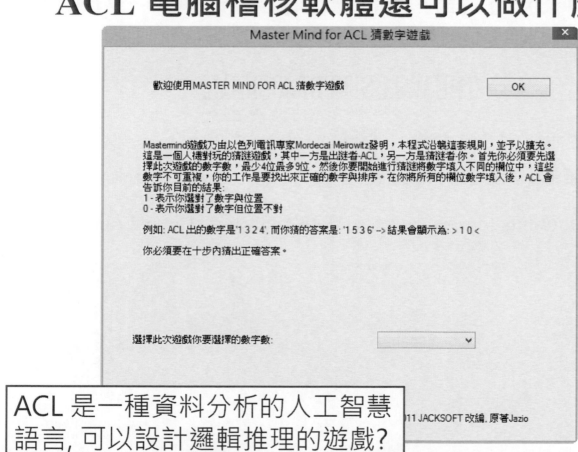

ACL 是一種資料分析的人工智慧語言, 可以設計邏輯推理的遊戲?

電腦稽核技術-分析性複核

美國審計準則公報SAS No.56, AU 329.04分析性複核是一項標準查核程序。

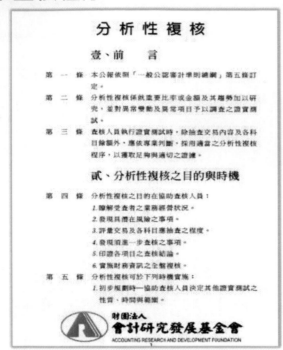

審計準則公報 12 號　　　　　　　　　　　　　審計準則公報 50 號

119

華爾街期刊:會計師增加使用資料分析來捉舞弊

THE WALL STREET JOURNAL.

Subscribe Now Sign In

Home　World　U.S.　Politics　Economy　Business　Tech　Markets　Opinion　Arts　Life　Real Estate　　Search

‹ Clinton Keeps Rivals at Bay in ...　U.S. One Injured in Wisconsin Mall Shooting on Busy Shopping Day　Obama Vetoes Anti-Climate Change Measures　U.S. Says Airstrike Killed Iraqi Troops by Accident　U.S. For Bears and Mild Weather Is a ›

YOU ARE READING A PREVIEW OF A PAID ARTICLE. **SUBSCRIBE NOW** **TO GET MORE GREAT CONTENT.**

THE NUMBERS COLUMN

Accountants Increasingly Use Data Analysis to Catch Fraud

Auditors Wield Mathematical Weapons to Detect Cheating

IMPRESS YOUR GUESTS WITH A WINE THAT WOWS

120

為什麼要做資料分析?

批判式思考 – 就是要去作審重的思考(Critical Thinking)

- 蘇格拉底說，一個高位階擁有權力的人，經常容易在事情的判斷上，產生迷失及無理性的行為。

- 他更進一步強調詢問深度問題的重要性，在相信一項論點之前，我們是否已經進行更深入的探討。

您真的信賴你所查核的資料及交易記錄的完整性及正確性嗎？

提高稽核效率──持續性監控/稽核平台

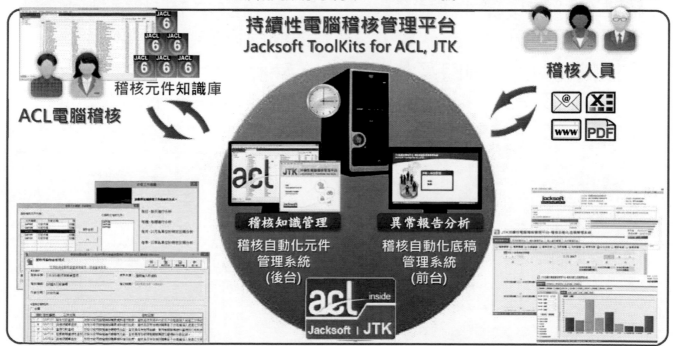

開發稽核自動化元件　　經濟部發明專利第I380230號　　稽核結果E-mail 通知

持續性電腦稽核管理平台
Jacksoft ToolKits for ACL, JTK

稽核元件知識庫

稽核人員

ACL電腦稽核

稽核知識管理
稽核自動化元件
管理系統
(後台)

異常報告分析
稽核自動化底稿
管理系統
(前台)

acl inside
Jacksoft | JTK

稽核自動化元件管理　　　　　　稽核自動化底稿管理與分享

■稽核自動化：
電腦稽核主機一天24小時一周七天的為我們工作。

JTK | Jacksoft ToolKits for ACL
The continuous auditing platform

稽核程式SCIRPT重複使用，達到持續性稽核

123

稽核自動化元件效用

1. 標準化的稽核程式格式，容易了解與分享

2. 安裝簡易，可以加速電腦稽核使用效果

3. 有效轉換稽核知識成為公司資產

4. 建立元件方式簡單，可以自己動手進行

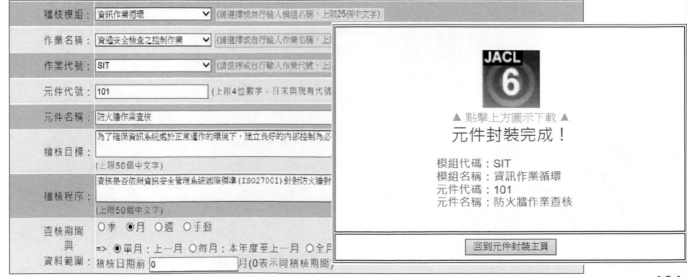

124

統計結果分析、溝通解釋一目了然

125

JGRC 治理,風險管理與法規遵循

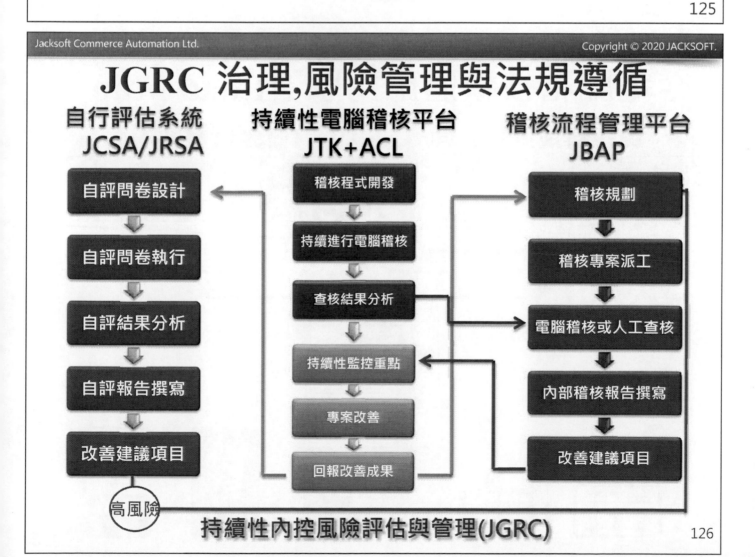

126

時代不同了…….

以前的讀書人➜
博學之士、縱貫古今
(Skin Deep Knowledge 淺薄的知識)
Google 可以讓任何人縱貫古今

現代讀書人➜
要學習使用科學化工具來輔助思考

歡迎修習電腦稽核課程
與取得專業證照
成為數位時代的柯南

學習淺薄的知識注定要失敗- 科學月刊
http://www.sciencemag.org/ 2012/12

127

電腦稽核軟體應用學習Road Map

資訊科技實務導向　　　　**財會領域實務導向**

國際網際網路稽核師　國際資料庫電腦稽核師　國際ERP電腦稽核師　國際鑑識會計稽核師

國際電腦稽核軟體應用師

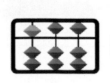

128

專家級證照- CFAP

國際鑑識會計稽核師(專家級)
Certified e-Forensic Accounting Professional

職能	說明
目的	國際鑑識會計稽核師 (專家級)證明具備使用CAATs工具協助遵循相關反貪腐/反賄賂法規與財務犯罪防治要求的專業能力。
學科	洗錢防制、反貪腐法規(如FCPA、BS 10500等)、舞弊行為、數位分析法則。
術科	CAATS +Accounting Transaction

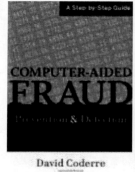
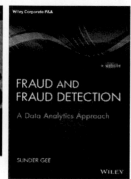

129

歡迎加入 ICAEA Line 群組
~免費取得更多電腦稽核
應用學習資訊~

「法遵科技」與「電腦稽核」專家

傑克商業自動化股份有限公司　台北市大同區長安西路180號3F之2(基泰商業大樓) 知識網:www.acl.com.tw
　　　　　　　　　　　　　　　TEL:(02)2555-7886　　FAX:(02)2555-5426　　E-mail:acl@jacksoft.com.tw

130

參考文獻

1. 黃士銘，2015，ACL 資料分析與電腦稽核教戰手冊(第四版)，全華圖書股份有限公司出版，ISBN 9789572196809.

2. 黃士銘、嚴紀中、阮金聲等著(2013)，電腦稽核－理論與實務應用(第二版)，全華科技圖書股份有限公司出版。

3. 黃士銘、黃秀鳳、周玲儀，2013，"海量資料時代，稽核資料倉儲建立與應用新挑戰"，會計研究月刊，第 337 期，124-129 頁。

4. 黃士銘、周玲儀、黃秀鳳，2013，"稽核自動化的發展趨勢"，會計研究月刊，第 326 期。

5. 黃秀鳳，2011，"JOIN 資料比對分析-查核未授權之假交易分析活動報導"，稽核自動化第 013 期，ISSN:2075-0315。

6. 國立屏東高級中學數學科楊瓊茹老師，2013，"班佛定律"，科學 Online 科技部高瞻自然科學教學資源平台，http://highscope.ch.ntu.edu.tw/wordpress/?p=47134

7. MoneyDJ 財經知識庫，2009 年，"釘槍廠 SENCORP 宣布破產，力肯遭欠 1.37 億元" http://www.moneydj.com/kmdj/news/newsviewer.aspx?a=0eec1fb9-764c-461a-8389-5aa9a428a4f2

8. MoneyDJ 財經知識庫，2015 年，"力肯 2 月營收續看增，首季營運不淡" http://www.moneydj.com/KMDJ/News/NewsViewer.aspx?a=4810e7f0-d110-4ddb-b86f-e6261395c228&c=MB06#ixzz3Ta3iVaaH

9. Mark Nigrini, 2012, Benford's Law: Applications for Forensic Accounting, Auditing and Fraud Detection, John Wiley & Sons Inc.

10. 會計研究發展基金會，中華民國審計準則公報

11. Carlslaw, C., April 1988, "Anomalies in income numbers : Evidence of goal oriented behavior", The Accounting Review, 63 : 321-327

12. 經濟日報，2019 年，"潤寅涉詐貸 80 億元 為何能一口氣騙倒 13 家銀行？" https://money.udn.com/money/story/5613/3908074

13. 經濟日報，2019 年，"銀行反省 查核提高警覺" https://money.udn.com/money/story/5612/3912702

14. 聯合新聞網，2019 年，"泰山集團第三代 涉詐貸 44 億" https://udn.com/news/story/11315/3744349

15. 中時電子報，2019 年，"詐貸 4 銀行 4.8 億 詐貸主嫌及銀行員共 10 人被訴" https://www.chinatimes.com/realtimenews/20190424001568-260402?chdtv

16. 自由時報，2019 年，"盛達電涉詐貸 4.5 億 董座陳忠廷 200 萬交保" https://m.ltn.com.tw/news/society/breakingnews/2769785

17. 聯合報，2019 年，"火鍋連鎖店控員工舞弊 A 走 1800 萬元營業額" https://udn.com/news/story/7321/3583597

18. am730，2019 年，"利用 Benford's Law 檢測區議會選舉結果"
https://www.am730.com.hk/column/%E8%B2%A1%E7%B6%93/%E5%88%A9%E7%94%A8benfords-law%E6%AA%A2%E6%B8%AC%E5%8D%80%E8%AD%B0%E6%9C%83%E9%81%B8%E8%88%89%E7%B5%90%E6%9E%9C-199247

19. UAE，2019 年，"Why a little-known law could be number one way to combat global fraud"
https://www.thenational.ae/uae/science/why-a-little-known-law-could-be-number-one-way-to-combat-global-fraud-1.811947

20. Galvanize，2019， "ACL and Rsam are now Galvanize"
https://www.wegalvanize.com/rebrand/

21. ACL，2017 年， "Are data robots coming to replace the auditors?"
https://acl.software/are-data-robots-coming-to-replace-the-auditors/

22. Galvanize，2019，
https://www.wegalvanize.com/

作者簡介

黃秀鳳 Sherry

現　　任

傑克商業自動化股份有限公司　總經理

國際電腦稽核教育協會(ICAEA)大中華分會　會長

專業認證

ACL Certified Trainer

ACL 稽核分析師(ACDA)

國際 ERP 電腦稽核師(CEAP)

國際鑑識會計稽核師(CFAP)

中華民國內部稽核師

內部稽核師（CIA）全國第三名

國際內控自評師(CCSA)

ISO27001 資訊安全主導稽核員

ICEAE 國際電腦稽核教育協會認證講師

學　　歷

大同大學事業經營研究所碩士

主要經歷

超過 500 家企業電腦稽核或資訊專案導入經驗

傑克公司副總經理

耐斯集團子公司會計處長

光寶集團子公司稽核副理

安侯建業會計師事務所高等審計員

國家圖書館出版品預行編目(CIP)資料

運用班佛定律 Benford's Law 進行舞弊鑑識查核 /
黃秀鳳作. -- 1版. -- 臺北市 : 傑克商業自動
化, 2020.03
面 ; 公分. --（ACL電腦稽核實務個案演練
系列）
ISBN 978-986-92727-9-7(平裝附光碟片）

1.審計 2.稽核 3.電腦軟體

495.9029   109003683

運用班佛定律 Benford's Law 進行舞弊鑑識查核

作者 / 黃秀鳳
發行人 / 黃秀鳳
出版機關 / 傑克商業自動化股份有限公司
地址 / 台北市大同區長安西路 180 號 3 樓之 2
電話 / (02)2555-7886
網址 / www.jacksoft.com.tw
出版年月 / 2020 年 03 月
版次 / 1 版
ISBN / 978-986-92727-9-7